地球篇

哇，科学有故事！

地形的故事

［韩］崔元石 / 文　［韩］李宥晶 / 绘　千太阳 / 译

人民东方出版传媒
People's Oriental Publishing & Media
東方出版社
The Oriental Press

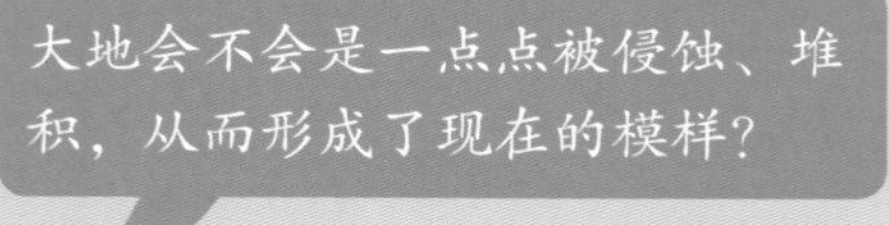
大地会不会是一点点被侵蚀、堆积，从而形成了现在的模样？

赫顿

岩石真的是在海里形成的吗？
洪堡

层层堆积的地层在对
我们说着什么？
史密斯

目录

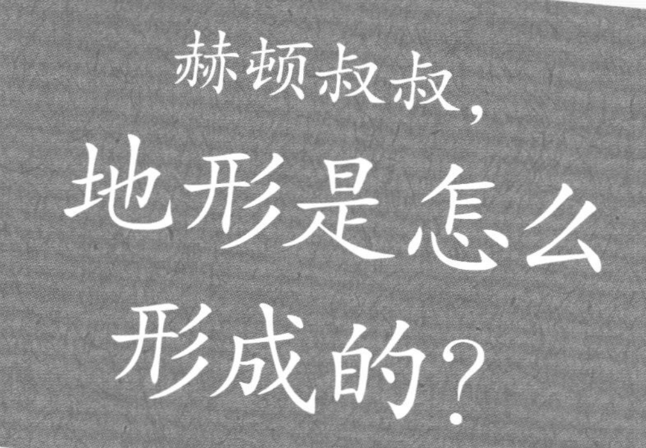

山和悬崖、小丘陵、弯弯曲曲的水路……通过对周边的观察，我发现地表会不断重复侵蚀、搬运、堆积的过程，最终形成现在的地形。要知道，正是人们无法一眼察觉到的细微变化造就了现在的地形，可见它经历的时间有多长。

1726 年，杰姆斯 · 赫顿出生于英国爱丁堡地区。

赫顿曾学过很多知识。不过，他最先开始学习的是法律。

“学习法律好无聊啊。”

于是，他又开始学习医学和化学。

“嗯，学了这么多应该够了。”

最终，他决定接手父亲的农场，做一个农夫。

“还是这个工作最适合我。”

赫顿在钻研农业技术的同时，对地质科学产生了兴趣。

“我觉得研究地质构造是世界上最快乐的事情。”

每天，赫顿都在农场四周散步，并考察各种地形。

有一天，看着从农场中间流过的小溪，他的心中突然浮现出一个想法。

有时候，赫顿会望着远山莫名地点点头。

赫顿认为地球表面会通过隆起、侵蚀、堆积的过程，不断发生变化。他还认为这种过程虽然非常缓慢，却是每时每刻都在发生。

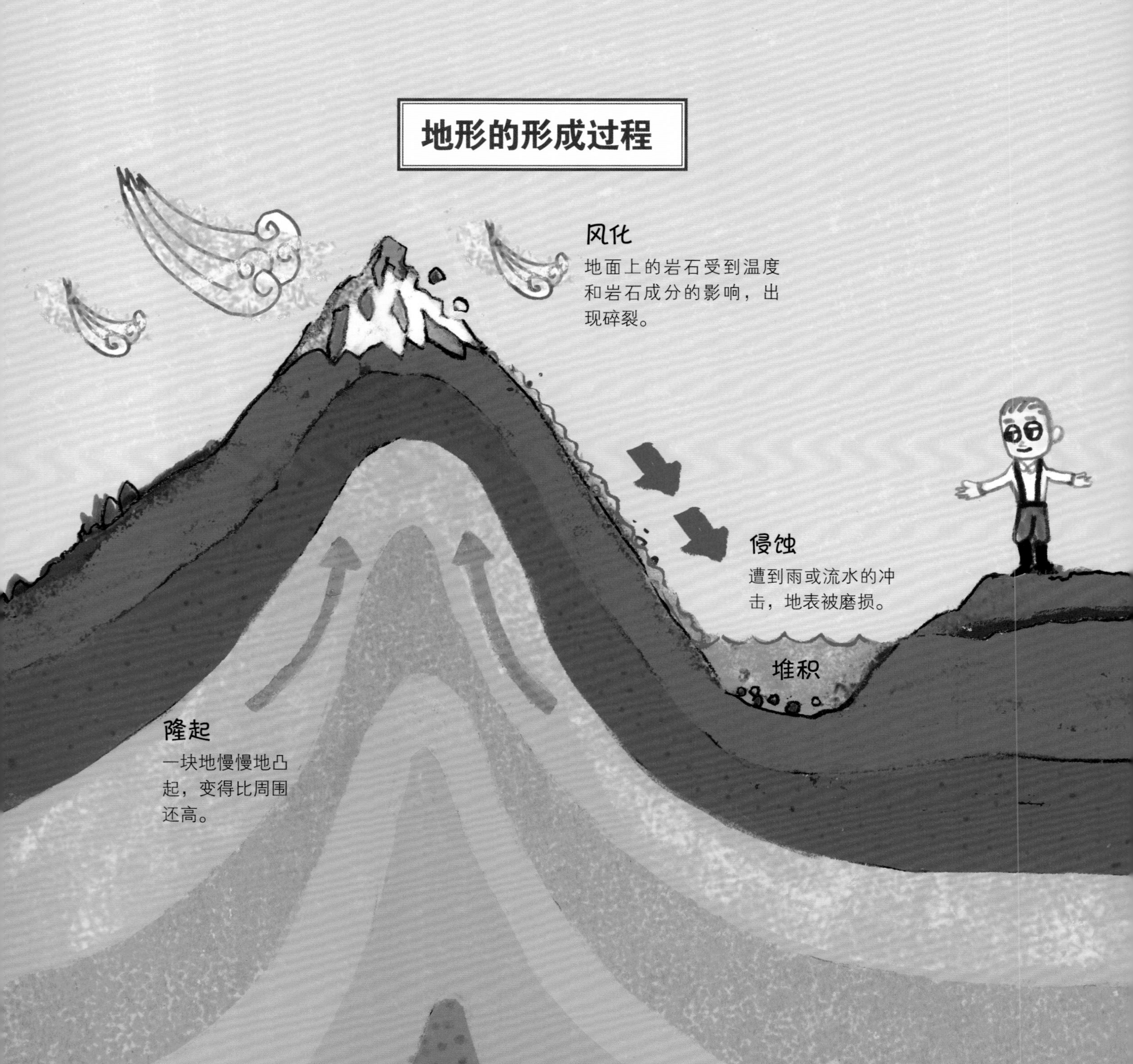

而且，赫顿认为以前的地壳也是经过同样的过程一路演变而来。

“这样的变化会每时每刻、永无止境地进行。”

在赫顿所生活的 18 世纪，人们普遍认为地球的年龄是 6000 岁左右。

但是赫顿认为，地球的实际年龄要远远超过 6000 岁。

“平地慢慢崛起为高山，然后高山又慢慢被侵蚀成平地的过程所需要的时间是非常久远的。”

赫顿把自己的想法告诉大家：“请看现在大地上正在发生的变化。正是因为这些缓慢的变化从很久以前开始一直持续着，所以地表才有了现在这种形态。”

然而，人们更愿意将山、河流及平地的变化，归结于突然爆发的火山和洪水等原因。

“赫顿先生，我们对你的猜测不感兴趣。”

但是赫顿仍然与同事普莱菲尔一起，到处寻找可以证明自己观点的证据。

最终，赫顿在苏格兰发现了证据，那就是岩浆穿过地层后凝固形成的新地层。

当时，人们认为地层是由原始海洋中的小颗粒沉淀后，一次性形成的。然而，岩浆穿透地层形成新的地层，却证明地层并非一次性形成，而是经过漫长的时间一点点堆积而成。

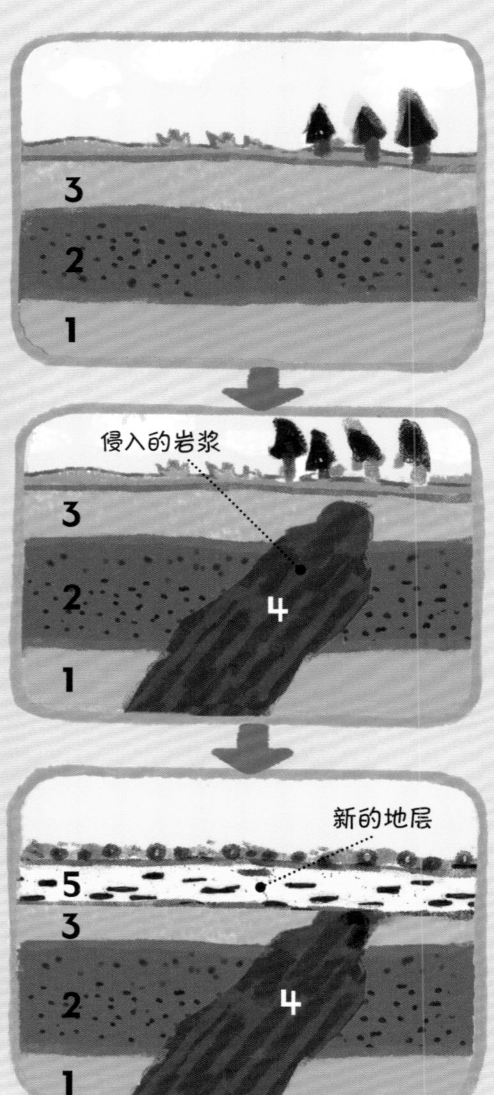

1795 年，白发苍苍的赫顿把自己的研究成果进行整理，出版了两本叫《地球的理论》的书。然而，赫顿写的文章太晦涩了，普通人很难看懂。

“如果赫顿的杰出发现这样被埋没，那就太可惜了。”

于是，赫顿的同事普莱菲尔便对赫顿的书进行修改，让它们变得通俗易懂。改编后出版的书叫《赫顿的地球理论说明》。

正是这本书，赫顿的理论才得以在全世界传播开来。

20 世纪，人们在使用放射性物质对地球进行测量后，发现地球的实际年龄足有 46 亿岁。就这样，赫顿提出的地球年龄非常久远的观点终于得到证实。

科学知识

地形的形成

地形是指地表的各种形态。凹陷的山谷、陡峭的悬崖、平坦的平原等地形，都是受到地球内部或外部的种种运动影响而形成的。比如，火山活动等地球内部的作用，以及风、水、冰川等地球外部的作用在不断改变地形。

河边地形

在山涧的入口处，河流会制造出扇形堆积体；而在平原，河流改道，原先的河道形成弯月形的湖泊，因像牛轭（è），故叫牛轭湖；在河流和海水相遇的地方，会有大量泥沙沉积，从而形成三角洲。

冲积扇

牛轭湖

海蚀崖

海蚀洞

三角洲

海边地形

猛烈的波涛冲击悬崖，形成一个个海蚀崖和海蚀洞。波涛夹杂的沙子和泥土等堆积在海湾的入口。

冰川地形

冰川把山顶削成尖尖的角峰。在移动的过程中，冰川会把长长的山谷变成U型谷，而海水会流入U型谷中，形成峡湾。

沙漠地形

风搬运沙子侵蚀岩石下方，从而形成蘑菇石。沙子会被微风堆在一处，成为沙丘。

大自然创造出来的美丽景观

地形虽然会因火山喷发或地震等自然现象出现翻天覆地的变化，但也会在风化和侵蚀的作用下，缓慢地发生改变。地球上有很多大自然打造出来的伟大艺术品。

位于美国亚利桑那州的科罗拉多大峡谷是一个又窄又深的山谷。整个山谷长达 446 千米，峡谷深度有 1.5 千米以上。

更令人惊讶的是，这座大峡谷的形成经历了数百万年的时间。就连一旁经过的科罗拉多河也是河水一点点侵蚀岩石，最终才形成现在的规模。

另外，美国有一家名为“黄石”的国家公园。由于里面的石头受到温泉水的冲刷变成了黄色，所以人们才给它起名为“黄石国家公园”。在这里，还有一座到了特定时间就会喷发温泉的间歇泉。其原理就是地下水受到地热的影响而沸腾，最终喷射出地面。

这家公园里有一座名为“老实泉”的间歇泉，喷出来的水柱高达 30 米，看起来异常壮观。

黄石国家公园的老实泉

18 世纪后期，就岩石是如何形成的问题，科学家们展开了激烈的争论。有的科学家认为它是在海洋里诞生的，有的科学家认为它是在地下炽热的岩浆中形成的。而我同样认为岩石诞生于岩浆中。

岩石覆盖着整个地球，所以不管去哪里都能轻易看到它。

那么，岩石究竟是如何形成的呢？

“地球上存在的所有东西都是盖娅创造的。”

古希腊人认为是大地女神“盖娅”创造了一切，所以同样认为岩石和矿物等都来源于大地。

于是在古代，开采完矿物之后，人们就会关闭矿山。

因为他们相信那样大地中才会重新产生新的矿物。

到了 18 世纪后期，有些人提出岩石来自大海的观点。他们认为大海最初形成时，海水中的小颗粒沉淀在海底形成了岩石。

毕竟在海边经常见到岩石，所以他们的说法听起来似乎很有道理。

教会最支持这种观点了。因为这与《圣经》中“诺亚大洪水”的故事非常吻合。神学家们认为是“诺亚大洪水”创造了海洋，而岩石就是在那个时候在海洋中形成的。

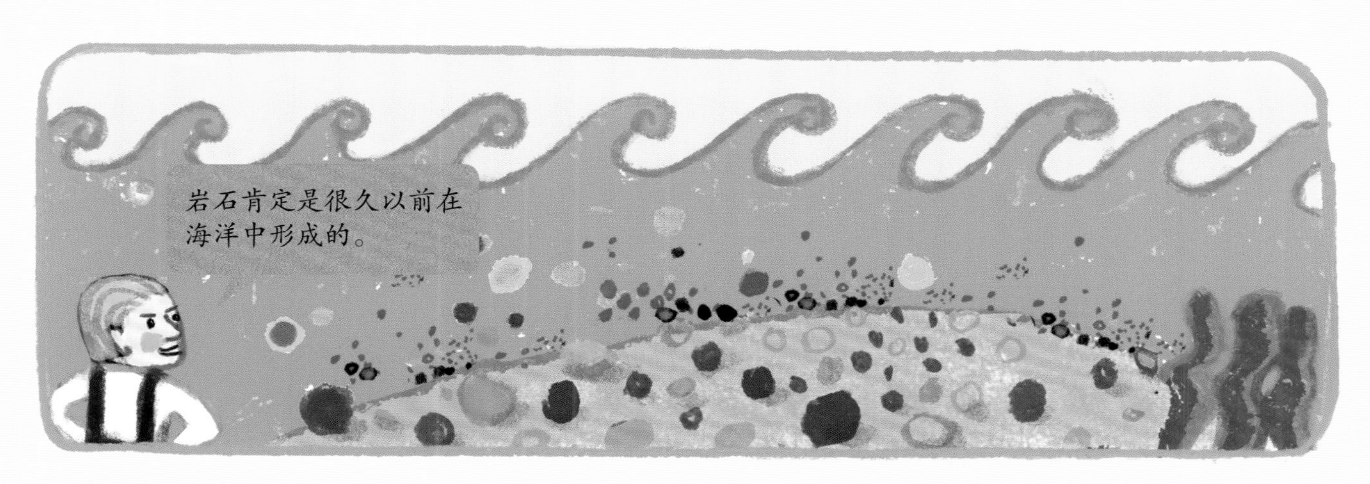

德国地质学家维尔纳认为原始海洋中的小颗粒沉淀在海底形成花岗岩，而沉积岩则是花岗岩被台风粉碎后堆在一起形成的。

维尔纳是矿业学院的一名教授，所以他在看到海边的玄武岩上的柱状节理后，便告诉学生们玄武岩也是在水中形成的。随着他的观点受到人们的追捧，拥护他的人变得越来越多。

不过，也有不少学者反对他的观点。

虽然法国地质学家德马雷认同沉积岩在水中形成的说法，但是他认为玄武岩是岩浆凝固而成的岩石。

在对法国奥弗涅地区火山周边的岩石进行一番调查后，德马雷发现那里的岩石与格陵兰岛海边的岩石有着相同的柱状节理。于是，他便认为玄武岩是通过火山岩浆形成的。

岩石到底是在水中形成，还是由火山喷发形成？两种说法一时间僵持不下。

究竟哪个正确呢？

这个问题最终由维尔纳的学生做出了解答。

维尔纳有很多优秀的学生。亚历山大 · 冯 · 洪堡就是其中的佼佼者。洪堡很喜欢探险，所以经常去火山地区观察各种岩石。

通过长时间的观察，洪堡发现玄武岩确实是由火山喷发形成的。不过，由于担心自己的老师维尔纳在得知此事后会感到挫败，所以直到老师离世，他才提出玄武岩是一种岩浆岩，同时是由岩浆凝固而成。

岩石的形成

19 世纪，英国地质学家查理斯 · 莱尔爵士在西西里岛的火山上发现了多种不同的岩石层。莱尔认为人们能在同一个地方发现多种不同的岩石，是地壳在漫长的岁月里不停变化的结果。

虽然岩石的源头是岩浆，但是只有经过地球内部的热量和压力、地表的侵蚀和堆积过程，它们才能转变为各种各样的岩石。

岩石和矿物

岩石是组成地壳的坚硬物质，大致上可分成岩浆岩、沉积岩、变质岩三大类。岩石普遍由一种或多种矿物混合而成。矿物是一种在自然中产生的坚硬固体，会由一定数量的原子聚在一起形成结晶状态。

岩石的种类

岩石可以根据生成原因分为岩浆岩、沉积岩及变质岩。

岩浆岩

含闪光颗粒的**花岗岩**

岩浆快速冷却形成一个个小洞的**玄武岩**

沉积岩

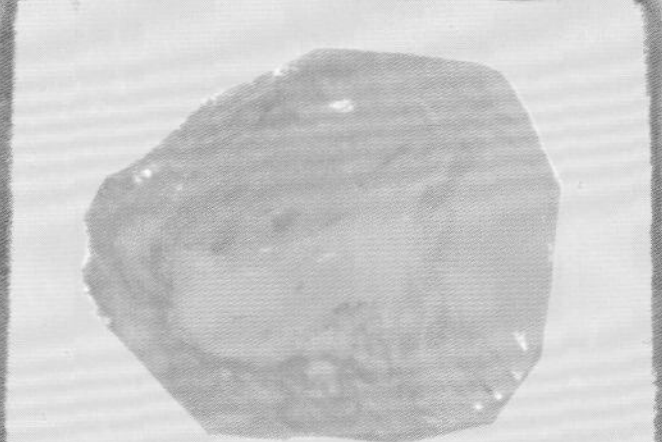

由黏土凝固而成的柔软**泥岩**

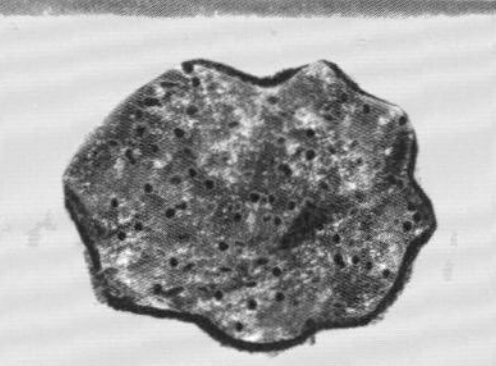

由砂粒凝结而成的粗糙的**砂岩**

掺杂着砾（lì）石的凹凸不平的**砾岩**

变质岩

由泥岩或花岗岩变质而成的**片麻岩**

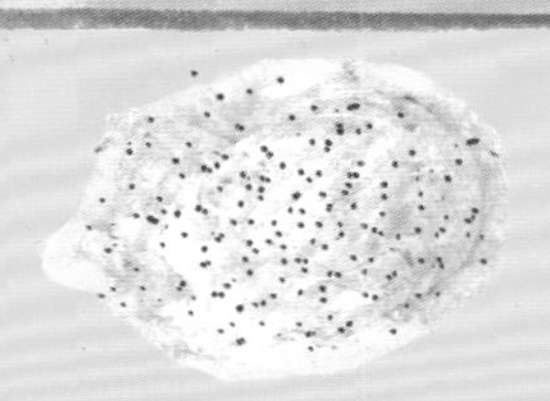

由砂岩变质而成的**硅质岩**

造岩矿物

在4000多种矿物中，组成岩浆岩的主要矿物称为造岩矿物。

石英12%

包括无色在内，拥有很多不同的颜色。常作为制作玻璃的材料使用。

辉石11%

角闪石 5%

黑云母 5%

玄武岩51%

是常见的矿物。多为白色、灰色等黑白系列矿石。常作为陶瓷材料使用。

其他16%

磁铁矿

有磁性，可以吸附在磁铁上，是炼铁的原材料。

滑石

呈白色或灰白色，是一种非常软的矿物，可以用来制作化妆品，如粉饼。

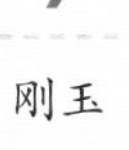

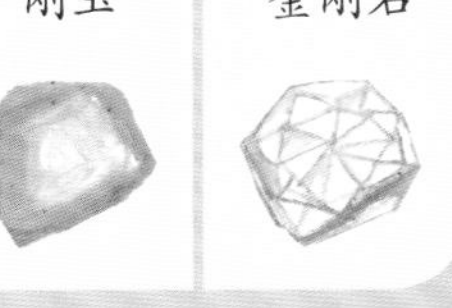

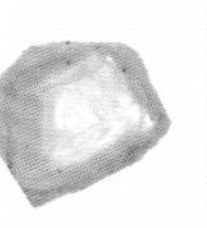

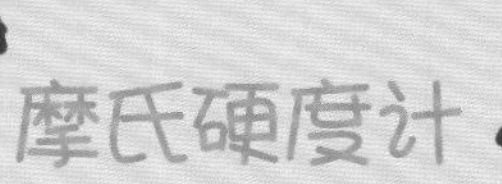

摩氏硬度计

用10种不同硬度的矿物做标准，来衡量世界上所有矿物的硬度。矿物上标注的数字越小表示越软，数字越大表示越硬。

1	2	3	4	5	6	7	8	9	10
滑石	石膏	方解石	萤石	磷灰石	正长石	石英	黄玉	刚玉	金刚石

血钻石

矿物中有很多可以用来制作漂亮宝石，或作为尖端机器材料使用的贵金属。

由于这样的矿物很稀有，所以它们的价格非常昂贵。尤其是婚戒上的钻石，更是因为象征着永恒不变的爱情，深受人们的追捧。

然而，美丽的钻石背后，隐藏着一段血腥的历史。20 世纪 90 年代，非洲的刚果民主共和国、塞拉利昂、安哥拉等地区，政府军和反政府军之间的内战持续了很长一段时间。由于这个地区埋藏着很多钻石，所以政府军和反政府军经常偷偷把钻石运到海外卖掉，用来购买各种战争物资。

因此，人们称呼这些钻石为“血钻石”。1998 年，联合国指出必须阻止“血钻石”的走私和流通，以免内战继续持续下去。于是，各个盛产钻石的国家都聚在一起商讨这一问题。2002 年，联合国制定禁止血钻石非法贸易的国际证书制度。庆幸的是，这些地区的内战大都在 21 世纪初期终结。

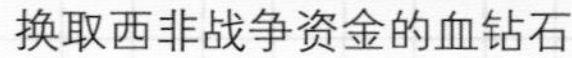
换取西非战争资金的血钻石

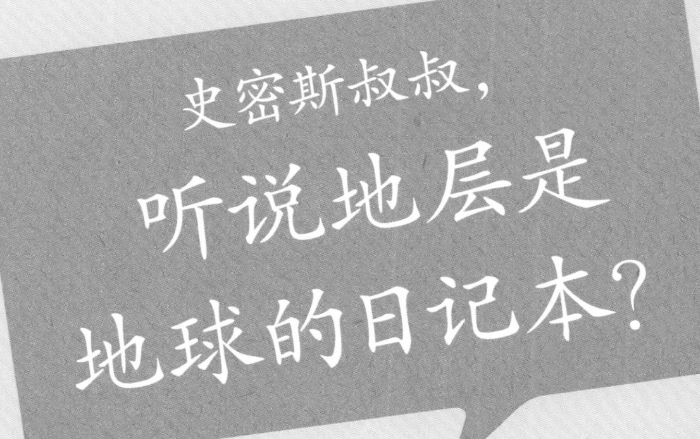

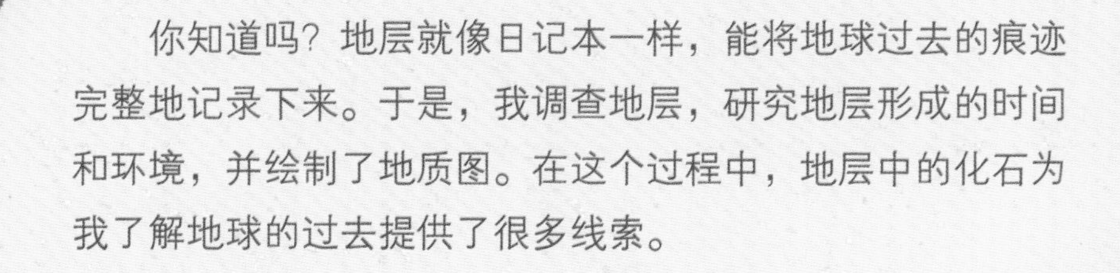

你知道吗？地层就像日记本一样，能将地球过去的痕迹完整地记录下来。于是，我调查地层，研究地层形成的时间和环境，并绘制了地质图。在这个过程中，地层中的化石为我了解地球的过去提供了很多线索。

威廉 · 史密斯出生于 1769 年。这一年还是詹姆斯 · 瓦特改良的蒸汽机面世的一年。随着工业的快速发展，英国开始在全国各地铺设铁路、开凿运河。

16 岁的时候，史密斯成为一名测绘工程师的助手，到铺设铁路或开凿运河的地方勘测地质。于是，史密斯自然而然地对岩石和地层产生了兴趣。

在 22 岁那一年，史密斯成为一名煤矿测绘员。
当时，英国需要很多用来运转蒸汽机的煤炭。
因此，矿工们往往需要在地下挖一个数百米深的矿坑。
进入矿坑时，史密斯一眼就能看到地层的垂直构造。
史密斯觉得层层堆积的地层结构非常有趣。

有一天，史密斯无意间听到矿工们的对话：“今天又要在粪堆里工作了。”

“粪堆？”

粪堆是矿工们给煤炭层起的名字。

虽然在普通人的眼中，煤炭层都是一模一样的漆黑模样，但是矿工们却能轻易地区分它们，甚至还根据它们的特征给每一层起了特定的名字或编号。

有着非凡观察力的史密斯，没过多久就能像矿工们一样，轻松区分不同的煤炭层。

史密斯感到很好奇，就对不同煤矿里的煤炭层进行了比较。

“每座矿井的地层顺序都很相似。”

不管哪一座矿井，地层都是按照煤炭层、砂岩层、页岩层、石灰岩层的顺序进行排列的。

开始使用煤炭层区分地层之后，史密斯很快就发现不同的地区也有着相同的地层顺序。

史密斯认为即使在其他地区，也可以根据岩石的特征对地层进行区分，同时找到地层之间的关联。

史密斯正好担任多个地区的煤矿测绘员，可以在各种地层之间进行观察和比较。

这样，他慢慢对地层的年龄产生了好奇：“只凭岩石层根本无法判断地层的形成时期。因为只要环境相同，任何时候都可以形成同样的岩石。”

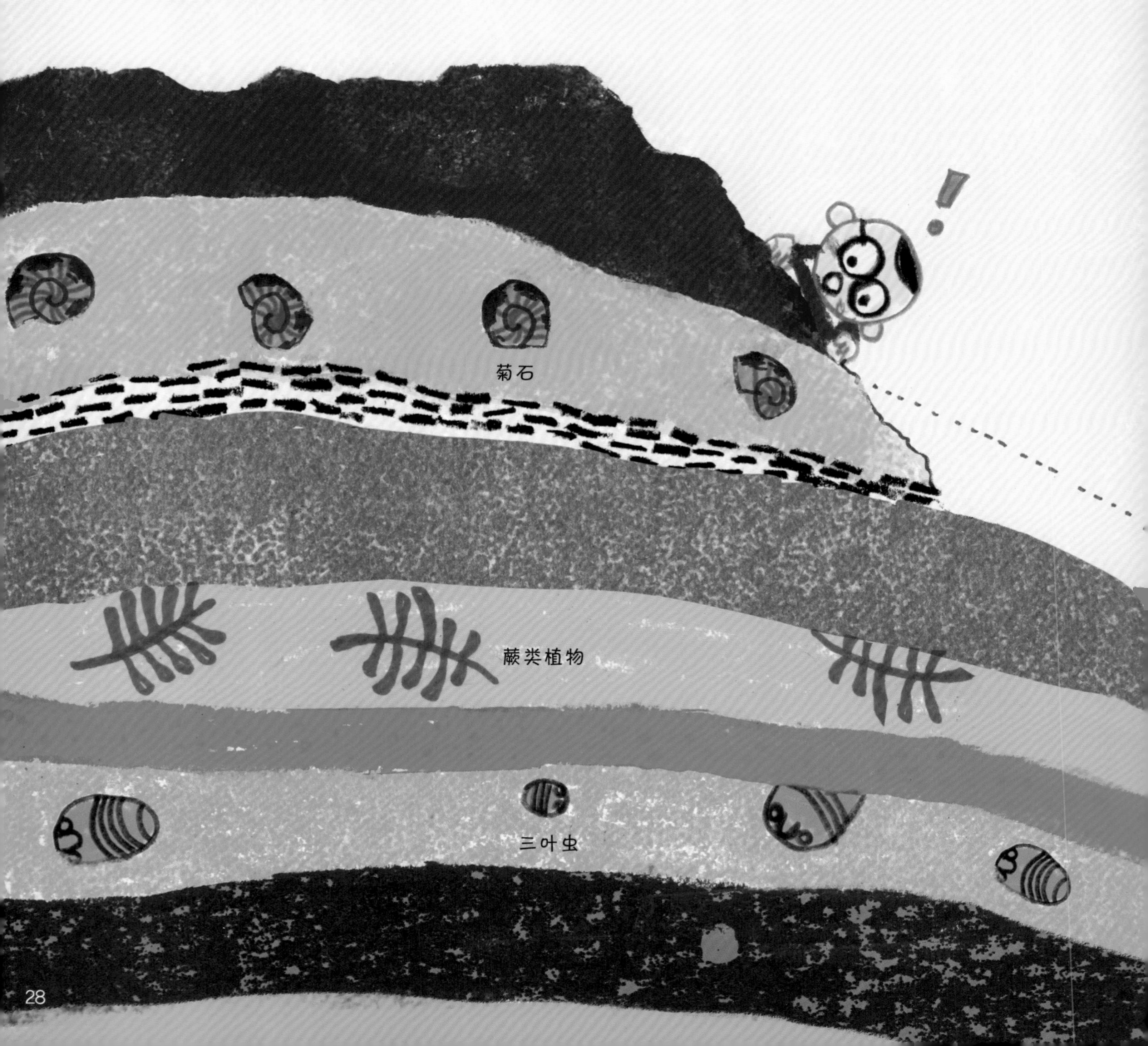

史密斯仔细观察夹在地层中间的化石，结果发现夹杂着化石的地层存在一定的规律。形成化石的生物所生活的时代越遥远，化石所处的地层位置就越往下。于是，史密斯根据化石的特征推断地层堆积的时间。

史密斯通过在地层中发现岩石和化石的特征对地层进行区分。他还发现即使在很远的地区，也有可能出现按照相同顺序排列的地层。

这说明他在煤矿中发现的地层规律适用于大多数地层。

史密斯四处奔走，对英国所有地区的地层做了一遍调查，结果发现所有地区的地层都是连续的。

史密斯将自己调查的内容进行整理，然后开始绘制标有地层顺序、厚度、岩石种类、化石种类等内容的地质图。

1815年，史密斯绘制出世界上第一幅地质图。然而为了绘制地质图，他不仅花光了所有的积蓄，还因此欠下债务，被关进牢房。

庆幸的是，英国地质学会非常认可史密斯绘制的地质图的价值，因此他也得以靠退休金安度晚年。

之后，地质学家们就拿着史密斯的地质图，对地层进行观察和研究。即便如今，人们为了建房子而调查地质，或勘探地下资源时，地质图都会起到至关重要的作用。

地层

地层是指经过漫长的岁月，各种泥土堆积在一起形成的、像石头一样坚硬的岩层。随着时间的流逝，原本整齐地堆在一起的地层会受到地球内部力量的影响，出现弯曲、断裂等形态发生改变的现象。另外，地层中还夹杂着一些生物的化石，所以人们能够通过对地层的调查和研究，了解地球的过去。

水平堆积的地层

越往下，地层年龄就越大；越往上，地层年龄就越小。

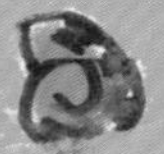

弯曲的地层

原本水平堆积的地层长久受到地球内部推力的影响，发生弯曲，产生褶皱。

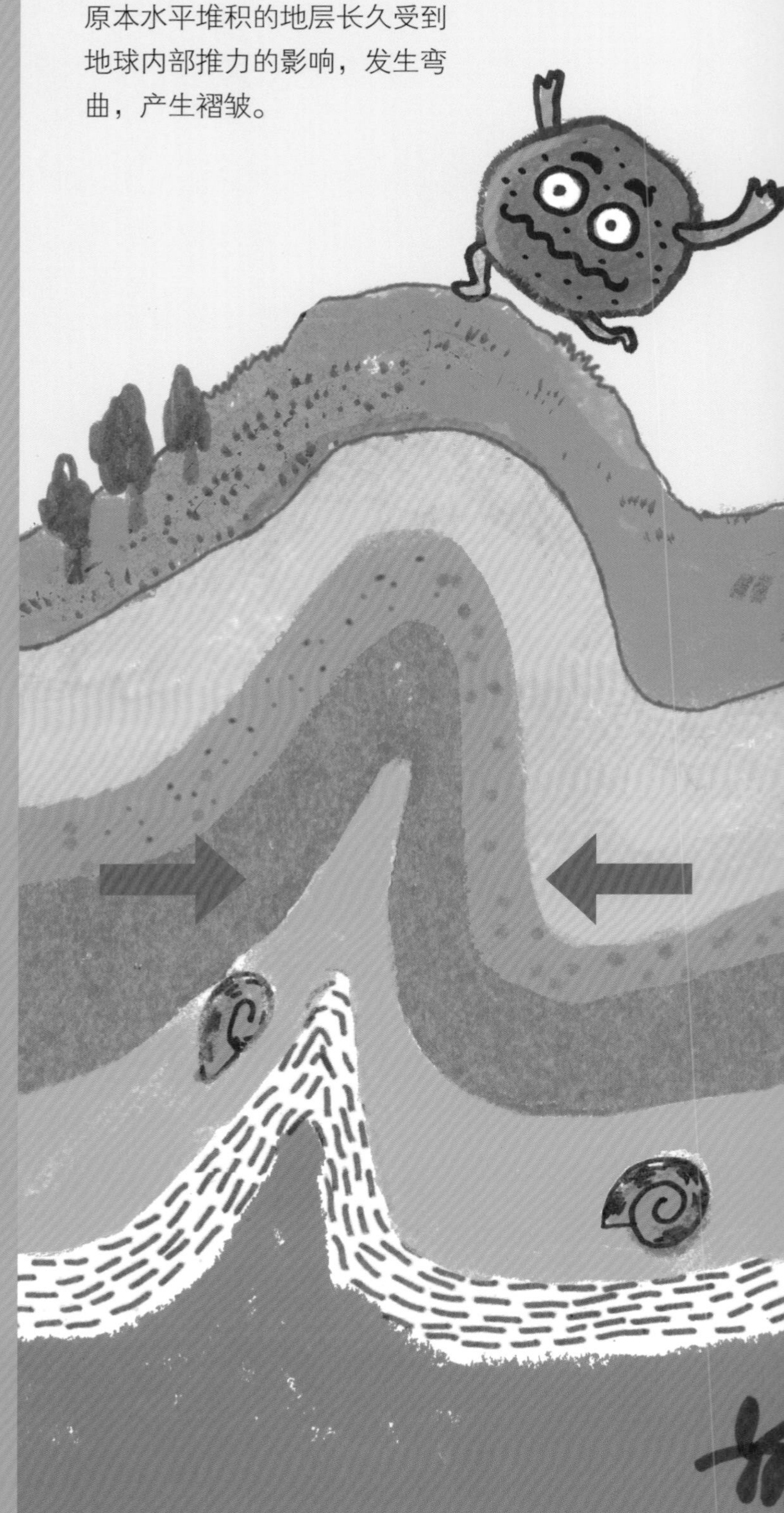

断裂的地层

原本连接在一起的地层因受到地球内部的拉扯或推动的力量，发生断裂。

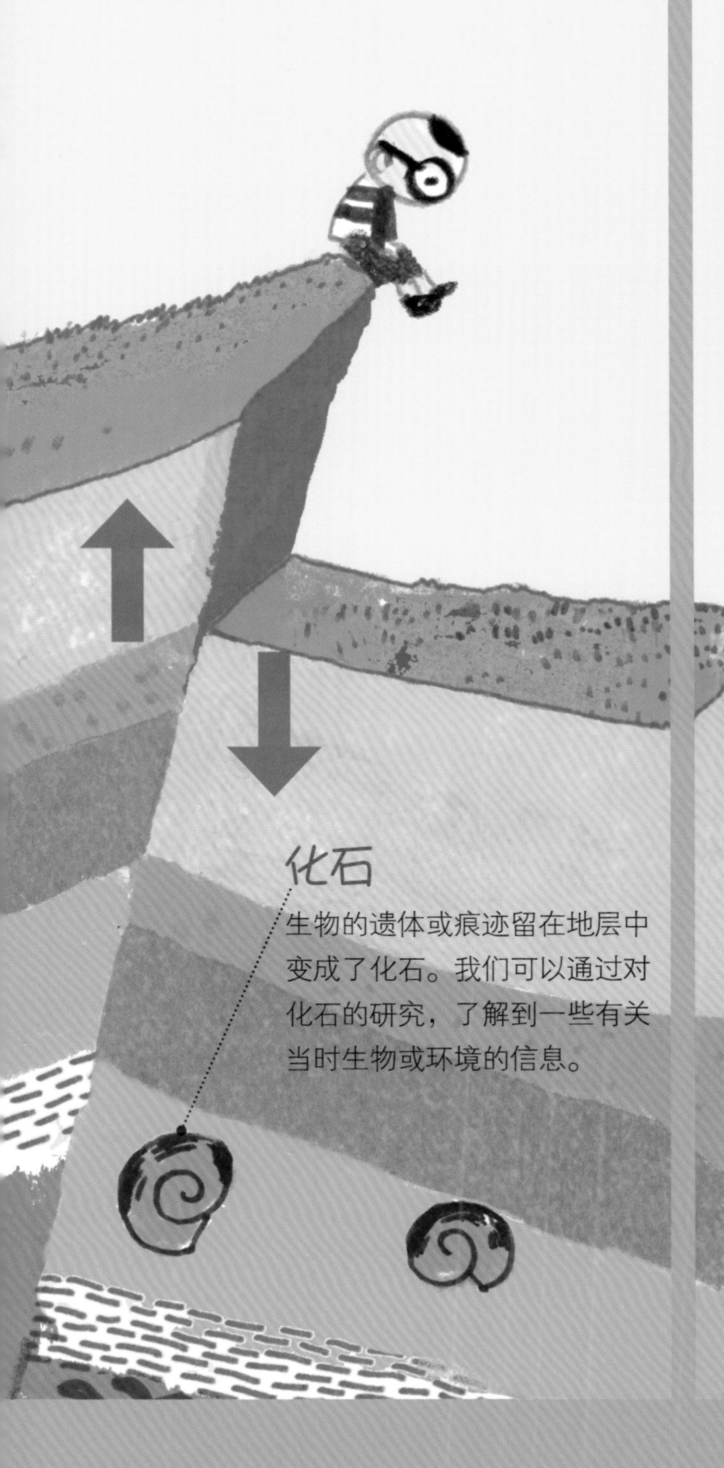

化石

生物的遗体或痕迹留在地层中变成了化石。我们可以通过对化石的研究，了解到一些有关当时生物或环境的信息。

干裂

随着地层表面的水分被蒸发而出现的裂痕。可以判断过去是浅湖或海边。

波痕

地层中出现的像水波一样的痕迹。可以判断过去是沙漠中的湿地或干燥地区。

随着土壤发展的文明和产业

通过对地层的观察，我们可以得知，这里曾经出现过火山，还有河流经过。即使是构成地层的土壤中，也完整地保留着当时有关环境的信息。从很久以前开始，人们就已经知道土壤的性质，并懂得利用这种性质。

堆积物被搬运后形成的冲积土地区，土壤非常肥沃，很适合发展农业。例如，尼罗河三角洲，那里的人们很早就开始发展农业，最终诞生出古埃及文明。

火山地区的火山土也非常肥沃，包含很多地下的无机物。比如，北美洲危地马拉的火山土中栽培出的咖啡豆就非常有名。据了解，这个地区出产的咖啡豆带有一股燃烧的香味。

事实上，并非适合农耕的土壤就是最好的土壤。中南半岛的砖红壤是岩石风化而成的红色风化土。风化土中含有大量的铁和铝成分，所以并不适合发展农业。但是又因铁与空气接触后会变硬，所以它很适合用来制作砖块。12 世纪初期出现的柬埔寨吴哥窟就是使用砖红壤建造的，而且建造得非常坚固。

用来制作砖块的砖红壤

研究地质的方法越来越精细

通过研究岩石和地层、地形等，科学家们可以了解到地球的历史。通过地质研究，人们不但可以了解到地球地形的演变过程，还能找出埋藏在地下深处的矿物资源。现在，随着科学的发展，研究地质的方法也变得越来越精细。

18世纪70年代

水成论登场

维尔纳提出，包括岩浆岩在内的所有岩石都是堆积物沉积在海底形成的。

1785年

均变论登场

赫顿提出，所有地形在过去和现在都是经过相同的过程形成的均变论。这个理论可以用一句话来进行概括：现在是打开过去的钥匙。

19世纪初期

玄武岩被证明是岩浆岩

洪堡对火山地区进行调查，发现玄武岩是在火山中形成的岩石。于是，他便对主张岩石是在海洋中形成的水成论提出反对意见。

标记的部分是正文中出现的内容。

1815年

绘制出第一幅地质图

史密斯通过地层中岩石和化石的特征来区分地层，并对英国的地质做了调查，最终绘制出世界上第一幅地质图。

1929年

用放射性物质测量地球年龄

通过使用放射性物质测量地球年龄的放射性测定年代法，卢瑟福最先测量出地球的年龄。

现在

随着科学的发展，除了直接调查地质的方法，还有其他不同的方法可以勘探地底的情况。例如，开采岩石、土壤、植物群等物质进行化学分析，或者通过地球的重力、磁力、放射性物质等物理方法研究地底等。

图字：01-2019-6047

图书在版编目（CIP）数据

地形的故事 /（韩）崔元石文；（韩）李宥晶绘；千太阳译 . —北京：东方出版社，2020.7
（哇，科学有故事！第一辑，生命・地球・宇宙）
ISBN 978-7-5207-1481-5

Ⅰ . ①地… Ⅱ . ①崔… ②李… ③千… Ⅲ . ①地貌—青少年读物 Ⅳ . ① P931-49

中国版本图书馆 CIP 数据核字（2020）第 038681 号

哇，科学有故事！地球篇・地形的故事
（WA，KEXUE YOU GUSHI! DIQIUPIAN・DIXING DE GUSHI）
作　　者：［韩］崔元石 / 文　［韩］李宥晶 / 绘
译　　者：千太阳

策划编辑：鲁艳芳　杨朝霞
责任编辑：杨朝霞　金　琪
出　　版：東方出版社
发　　行：人民东方出版传媒有限公司
地　　址：北京市西城区北三环中路6号
邮　　编：100120
印　　刷：北京彩和坊印刷有限公司
版　　次：2020年7月第1版
印　　次：2020年7月北京第1次印刷　2021年9月北京第4次印刷
开　　本：820毫米 × 950毫米　1/12
印　　张：4
字　　数：20千字
书　　号：ISBN 978-7-5207-1481-5
定　　价：398.00元（全14册）
发行电话：（010）85924663　85924644　85924641

文字 [韩] 崔元石

在庆尚北道庆山市担任中学科学教师，同时也是一位用简单有趣的故事讲解科学原理的科普作家。为了让科普知识大众化，经常以教师、学生及普通人为对象举办讲座。曾在2013年荣获“科学教师奖”。主要作品有《科学教师崔元石的科学是游戏》《唤醒地球的火山和地震》《世界名著中隐藏的科学》《世界上最柔软的物理书》等。

插图 [韩] 李宥晶

毕业于弘益大学视觉设计专业，现为一名绘本作家。为了能与孩子们一起分享书中世界的乐趣，正在努力策划话剧形式的绘本和游戏形式的绘本。主要作品有《住在我们家里的神》《叮咚哐声音种子》等。插图作品有《滴落的眼泪，美丽的花朵故事》《奔跑吧！爸爸的大肚子》等。

哇，科学有故事！（全33册）

扫一扫
看视频，学科学